PRINCIPES DE GÉOLOGIE

NEUCHATEL — IMPRIMERIE ATTINGER FRÈRES

PRINCIPES

DE

GÉOLOGIE

EXPLICATION DE

L'ÉPOQUE QUATERNAIRE

SANS HYPOTHÈSES

PAR

H. HERMITE

NEUCHATEL

ATTINGER FRÈRES, ÉDITEURS

1891

PRINCIPES

DE GÉOLOGIE

On sait que la plupart des phénomènes de l'époque quaternaire se continuent de nos jours, sur une échelle amoindrie, il est vrai, mais qui cependant a permis de les bien étudier et même de remonter à leur cause, pour quelques-uns d'entre eux.

Les traces que cette époque a laissées sont partout étalées sous nos yeux ; on ne peut faire un pas, pour ainsi dire, sans les rencontrer.

Il semblerait donc qu'une époque si rapprochée de la nôtre, qui en est la continuation, devrait être la mieux connue.

Elle est restée néanmoins la plus mystérieuse de toutes ; et tandis que le principe de la fluidité ignée, qui sert de base à la géologie, paraît expliquer toutes les périodes plus anciennes, il reste impuissant pour la période quaternaire.

C'est cependant par l'explication de l'époque quaternaire qu'on devrait scientifiquement commencer, parce que, étant la première en date, on pourrait espérer remonter de son explication à celle de la période qui l'a immédiatement précédée et ainsi de suite pour les autres périodes.

C'est la marche qu'on suit dans toutes les sciences, en procédant du connu à l'inconnu.

C'est aussi la marche qu'on a suivi pour la paléontologie; et l'on sait la grande place qu'elle occupe maintenant dans la géologie, dont elle est devenue l'appui le plus sûr.

Les géomètres poursuivant la grande idée de rattacher la géologie à la théorie du système du monde et de lui donner ainsi une base dominant tous les systèmes possibles de géologie, ont admis que la forme aplatie de notre globe, en rapport avec son mouvement de rotation, prouvait d'une manière incontestable, que toute la masse du globe avait été originairement fluide; ils espéraient que cette seule donnée conduirait les géomètres physiciens aux conséquences les plus remarquables, tant sur l'état antérieur de notre globe, que sur son état actuel et son état définitif. Mais ils ont omis de faire entrer dans leur analyse des données géologiques et n'ont eu recours qu'à des données purement astronomiques qui, convenant aussi bien à une époque qu'à une autre, ne pouvaient servir à les différentier.

C'est là, croyons-nous, la cause de l'impuissance de la base de la géologie, à se prêter à une explication de l'époque quaternaire que les géologues attribuent maintenant à l'influence de causes météorologiques.

Cette omission était d'ailleurs bien naturelle; car, à l'époque où Newton a donné sa théorie de la figure de la terre, les observations étaient si peu nombreuses que la géologie existait à peine de nom.

Notre travail sera divisé en cinq parties.

1o L'équilibre des mers et la figure de la terre.

2o Origine des pluies quaternaires.

3o Diminution progressive de chaleur atmosphérique. Chaleur interne du globe.

4o Explication de l'époque quaternaire.

5o Mouvements du sol et les volcans.

ÉQUILIBRE DES MERS
ET FIGURE DE LA TERRE

La figure de la terre est, par sa définition, celle des mers prolongées. Sa détermination est donc une question d'équilibre, d'une masse fluide animée d'un mouvement de rotation et dont les molécules s'attirent réciproquement aux carrés des distances.

C'est au moyen de ces seules données et en admettant l'homogénéité du liquide que Newton a traité la question.

Il est parvenu à ce résultat : que le rayon de l'équateur doit dépasser d'un 230me celui des pôles.

Ses calculs, contrôlés par une analyse plus perfectionnée de ses continuateurs, n'ont fait que confirmer le résultat auquel il était parvenu.

Mais les mesures directes des méridiens ayant prouvé qu'il était trop fort d'environ un tiers, les savants ont cherché à établir la concordance, en supposant que la densité des couches elliptiques dont se compose le sphéroïde augmentait de la surface au centre. Et après avoir essayé diverses lois qui leur paraissaient vraisemblables des accroissements de la densité, ils semblaient être parvenus à un accord assez satisfaisant entre la théorie et l'observation, lorsque M. Poincarré, par suite des progrès toujours croissant de l'analyse, a démontré clairement, dans les comptes rendus de l'Académie des sciences de Paris, le 9 juillet 1888, qu'aucune loi d'accroissement des densités ne *pouvait satisfaire à l'équilibre.*

Les lois de la nature refusant de se plier à la théorie, on est bien obligé de rechercher si la théorie elle-même ne renferme pas quelques points faibles.

On remarquera d'abord qu'à l'époque où

Newton a déterminé la figure de la terre, l'hydrostatique était encore à l'état d'ébauche; ce n'est que quelque temps après que Clairant a fixé les vrais principes de cette science.

On remarquera ensuite que la théorie de Newton, au lieu de conclure à une solution unique, comme on devait s'y attendre dans une semblable question, donne deux solutions.

En sorte que, comme le dit Laplace dans son exposition du système du monde : au même *mouvement de rotation répondent deux figures différentes d'équilibre.*

On peut se rendre compte que cette *indétermination* est causée par l'insuffisance du principe sur lequel Newton s'est appuyé.

Il admet que notre sphéroïde doit être en équilibre, si toutes les colonnes liquides allant du centre à la surface ont le même poids, et il calcule la diminution du poids de ces colonnes déterminée par la force centrifuge, en décomposant cette force en deux autres : l'une agissant suivant le rayon et qui seule diminue le poids des colonnes, et une autre perpendiculaire à la première, agissant tangentiellement à la surface du globe.

Or il ne tient aucun compte de cette dernière force, qui cependant tend à faire mouvoir toutes les molécules dans le sens des parallèles.

L'équilibre n'existe donc pas dans la masse du liquide lorsque toutes les colonnes ont le même poids.

Ainsi, le principe de l'égalité du poids des colonnes, *quoique nécessaire, n'est pas suffisant pour l'équilibre général.*

★

Newton et après lui les savants qui se sont occupé de la question ont fondé leurs calculs en admettant l'hypothèse de l'homogénéité de la masse liquide.

Or on sait maintenant que cette hypothèse est contraire aux observations et que la densité à la surface des mers est plus faible aux pôles qu'à l'équateur.

Cette hypothèse de l'homogénéité a conduit

à admettre que la direction de la pesanteur était perpendiculaire à la surface du sphéroïde en tous ses points : c'est le principe d'Huygens.

Il résulte de ce principe que la surface du globe n'étant point sphérique, mais aplatie, les directions du fil à plomb ne concourent pas à un même point qui serait le centre d'attraction de toute la masse et qu'il y aurait autant de centres d'attraction qu'il y a de points à la surface du globe.

C'est Bouguer qui le premier a signalé cette propriété de la matière qu'il qualifie lui-même *de très singulière,* dans un mémoire imprimé en 1734, parmi ceux des membres de l'Académie de Paris.

On aurait évité cette difficulté, si, au lieu d'admettre l'homogénéité de la masse fluide, on avait tenu compte de la diminution progressive de la densité à la surface des mers, de l'équateur aux pôles ; on aurait bien vite reconnu que la direction de la pesanteur peut être inclinée à la surface et que la terre doit n'avoir qu'un seul centre d'attraction.

En effet, concevons un canal horizontal à ciel ouvert contenant de l'eau dont la densité décroît progressivement d'une extrémité à l'autre.

L'équilibre ne sera pas troublé en solidifiant toute l'eau de ce canal, à l'exception de deux filets verticaux situés aux extrémités du canal et réunis par le bas par un filet horizontal.

On forme ainsi un système de vases communiquants, dans lequel le filet contenant de l'eau la plus dense doit être plus petit que l'autre.

La surface du canal au lieu d'être horizontale sera donc inclinée sur la verticale.

*

On n'a pas encore résolu, croyons-nous, ni même abordé, la question de savoir comment la force centrifuge peut être communiquée dans un milieu dont les molécules sont pour ainsi dire indépendantes les unes des autres et comment un noyau solide peut produire un même mouvement *angulaire* de rotation à son atmosphère liquide ou gazeuse.

Laplace explique, il est vrai, dans son exposition du système du monde que « toutes « les couches atmosphériques doivent prendre, à la longue, *un même mouvement angulaire de rotation*, commun au corps « qu'elles environnent ; car le frottement de « ces couches, les unes contre les autres et « contre la surface du corps, doit accélérer « les mouvements les plus lents et retarder « les plus rapides jusqu'à ce qu'il y ait entre « eux une parfaite égalité. »

Il est bien difficile d'admettre, malgré l'autorité du grand géomètre, qu'un même mouvement angulaire de rotation puisse ainsi se produire, c'est-à-dire que les molécules atmosphériques éloignées de la surface du noyau puissent acquérir une vitesse plus grande que celles qui en sont voisines.

Mais cette difficulté se change en impossibilité, si l'on tient compte du mouvement de translation autour du soleil et qui est 67 fois plus rapide que celui de rotation : lequel est de 345 mètres par seconde.

Il est visible que toutes les molécules atmosphériques situées à l'équateur doivent passer alternativement toutes les vingt-quatre heures par des vitesses variant de 66 à 68 fois 345 mètres, suivant le sens du mouvement de rotation par rapport à celui de translation.

Cette difficulté qui semble intéresser les bases mêmes de l'astronomie, ne pourra guère être résolue *complètement* que lorsqu'on connaîtra le mode employé par la nature pour communiquer les forces d'un astre à un autre.

*

Nous allons maintenant essayer de déterminer les conditions d'équilibre des mers telles que la nature nous les présente, c'est-à-dire comme de vastes bassins communiquant entre eux librement et dont la profondeur moyenne, d'environ 4,000 mètres, n'est qu'une très petite partie du rayon terrestre,

Nous nous appuierons uniquement sur ces deux principes fondamentaux de l'hydrostatique : que pour qu'une masse liquide soit en équilibre, il faut et il suffit que toutes les parties le soient ; et qu'un liquide transmet sans altération dans toute sa masse les pressions exercées sur une partie quelconque.

On sait que c'est de ce second principe que découlent toutes les propriétés des liquides en équilibre.

Concevons les mers partagées en couches parallèles à la surface, d'une épaisseur égale h très petite.

Ces couches pèsent les unes sur les autres et s'appuient sur un fond solide, dont la résistance annule les composantes dirigées vers le centre d'attraction du globe.

D'après l'axiome fondamental de l'hydrostatique, toutes ces couches devront être en équilibre : chacune en particulier.

Or cet équilibre ne pourra exister que si les composantes des pressions perpendiculaires à la direction de la pesanteur s'annulent mutuellement, c'est-à-dire si elles sont égales dans chaque couche en particulier et pour tous les points de cette couche, quelle que soit la distance qui les sépare.

Il est clair que ces deux conditions étant remplies, aucune molécule ne pourra se mouvoir, puisque les composantes horizontales et verticales des pressions sont détruites ou annulées.

Si on considère les pressions développées par la gravité sur les molécules situées sur la ligne droite menée de la surface au centre d'attraction, la pression développée par les molécules de la première couche a évidemment pour expression le produit des trois facteurs *g*. D. *h*, dans lequel *g* est l'intensité de la pesanteur, qui dépend de la latitude et de la distance au centre d'attraction du point que l'on considère.

D est la masse plus ou moins grande comprise dans l'unité de volume : c'est ce qu'on appelle la densité ; elle est indépendante des variations de la pesanteur.

Lorsqu'on opère dans un même lieu, à la

même latitude, la densité a une autre définition et se rapporte à des unités différentes; elle représente alors le poids de l'unité de volume du corps.

La quantité D est constante, tant que la distance, à partir de la surface, des molécules situées sur la ligne droite va au centre d'attraction du globe, n'est pas considérable et ne dépasse pas dix mètres, par exemple; car l'observation a prouvé que sur une aussi petite distance, le degré de salinité de l'eau reste invariable.

Il en est de même de la quantité g, car l'influence de la petite distance de dix mètres, par rapport au rayon terrestre, est tout à fait insensible.

Cette quantité ne varie que quand on passe d'une latitude à une autre; alors, elle décroît du pôle à l'équateur, et cette diminution est, comme on sait, proportionnelle au carré du cosinus de la latitude.

Ce résultat a été déduit par l'analyse, indépendamment de l'ordre des densités des couches qui composent notre globe et peut être employé en toute sécurité.

La pression exercée par la première couche peut être exprimée par le produit *g*. D. *h*, et celle exercée par les *m* premières couches par le produit *g*. D. *mh*.

Toutes ces couches seront en équilibre si le produit des deux facteurs *g* et D est constant, puisque la pression de chaque couche est représentée par ce produit multiplié par la profondeur qui est la même pour tous les points d'une même couche.

Mais il n'en n'est pas de même pour les couches plus profondes, parce que la gravité *g* est déterminée par des lois purement géométriques, tandis que la densité D dépend de circonstances et de lois physiques qui n'ont pas un rapport nécessaire avec les premières.

Aussi l'équilibre général de toute la masse fluide des mers ne peut-il être qu'approché lorsque le produit *g*. D est constant pour la première couche.

C'est, suivant nous, ce défaut d'équilibre qui engendre ces immenses courants que É. Reclus compare à la mer elle-même en mouvement : par eux, d'immenses couches liquides ayant des milliers de kilomètres de largeur et des centaines de mètres de profondeur, sont entraînées à travers les bassins océaniques avec une vitesse comparable à celle de nos fleuves.

Il est bien difficile d'admettre, comme on le fait, que de pareils courants, qui exigent une immense dépense de force vive, soient déterminés par les courants aériens ou par la faible dénivellation *annuelle* d'une dizaine de mètres, causée par l'évaporation des mers tropicales.

Cependant il doit s'établir, à notre époque, à la longue, un état d'équilibre mobile, en raison de l'immensité de la masse océanique, par rapport à la grandeur des causes météorologiques qui font varier la densité des couches superficielles.

Le niveau de ces couches doit rester à très peu près le même, aux diverses latitudes, tant que la marche des phénomènes météorologiques ne s'est pas accentuée, comme dans les périodes miocène, pliocène et quaternaire, par une abondance extraordinaire et longtemps prolongée des précipitations atmosphériques.

Mais à l'époque actuelle, les causes qui font varier la densité de la couche superficielle des mers, quoique présentant des variations suivant les saisons, alternent dans le même ordre chaque année et forment en quelque sorte un cycle fermé.

La nature nous présente plusieurs exemples de cet état d'équilibre mobile.

Ainsi, on sait que plus la masse d'un glacier est grande, moins les déplacements de la moraine frontale sont accusés par les variations accidentelles ou périodiques des neiges.

La condition de l'égalité du produit des deux facteurs g et D est théoriquement *nécessaire* et *suffisante* pour l'équilibre de tous les points de la surface des mers, quelle qu'en soit la latitude.

Si cette condition pouvait être remplie pour toutes les couches profondes, il en résulterait une extrême simplicité pour la détermination de la figure de la terre.

Il suffirait de déterminer les densités à la surface aux diverses latitudes, car le rapport des gravités qui est précisément inverse de celui des rayons, en ces points, donnerait le rapport des rayons, en admettant toutefois que notre globe est un ellipsoïde de révolution.

Ainsi, en supposant que la densité de la mer à l'équateur soit 1,037 et celle du pôle 1,0337, ce qui d'ailleurs est très voisin de la réalité, d'après les observations faites dans les mers de ces parages, on obtiendrait pour le rapport des rayons du pôle et de l'équateur 0,9964.

Ce rapport représente la longueur du rayon polaire, en prenant pour unité la longueur du rayon équatorial et l'on en déduit facilement qu'il est plus petit de 1/304.

Malheureusement, la détermination de la densité moyenne des mers offre de grandes difficultés pour l'obtenir avec une grande précision.

Cependant Horner, J. Davy et Bischof ont constaté que la densité des mers dans l'hémisphère sud est un peu plus faible en moyenne que celle de l'hémisphère nord; ce qui tient sans doute à l'apport d'eau douce fournie par la fusion estivale des glaces immenses qui couvrent l'hémisphère sud.

Or, à cette diminution de la densité correspond, comme l'exige notre théorie, un aplatissement plus grand : environ de 439 mètres.

Cette différence des aplatissements de 439 mètres résulte de la mesure des degrés qui a été faite par Lacaille au cap de Bonne-Espérance et qui a été vérifiée depuis par les astronomes anglais.

On voit donc que, sans s'astreindre à des mesures précises si difficiles à obtenir, en raison des troubles apportés par les causes locales, on peut admettre *qu'à une diminution de la densité des mers correspond un abaissement de leur surface.*

C'est ce résultat, important pour l'avenir de la géologie, que je tenais à dégager.

★

L'eau des mers n'est pas homogène, comme l'admet l'ancienne théorie de l'équilibre: elle contient des sels en dissolution qui en font varier la densité.

Les observations modernes ont donné la preuve que la densité diminue progressivement de l'équateur aux pôles.

Cette diminution de la densité, qui a une si grande influence sur le niveau des mers, comme nous venons de le démontrer, résulte de deux causes principales.

La première cause a pour origine l'apport d'une grande quantité d'eau douce, par de nombreux et puissants fleuves, coulant du sud au nord.

La seconde résulte de la congélation de l'eau marine : les observations de Walker ont en effet prouvé que l'eau des mers en se congelant se débarrasse des quatre cinquièmes des sels qu'elle contenait.

Ces sels, en vertu de leur densité, se rendent dans les profondeurs et y sont entraînés par les courants sous-marins, tandis que les glaces, par leur fusion estivale, laissent à la surface de l'eau presque douce.

Cette seconde cause, qui a une grande importance, même à notre époque, dans l'hémisphère austral, a dû acquérir à l'époque glaciaire son maximum d'intensité.

Quant à la première cause, il est visible qu'à l'époque quaternaire, où les précipitations aqueuses étaient beaucoup plus abondantes qu'aujourd'hui, elle devait avoir une influence considérable pour diminuer le degré de salinité des mers polaires, surtout dans l'hémisphère boréal, dont les terres sont reliées à la grande surface des continents.

Ces deux causes réunies et concourant au même but ont dû avoir leur maximum d'effet pendant la plus grande partie de l'époque quaternaire.

Aux anciennes époques géologiques, où les pluies étaient moins abondantes et où les glaces, si elles existaient, étaient reléguées au sommet des hautes montagnes, la différence des densités de la mer à l'équateur et aux pôles devait être moins grande qu'aujourd'hui ; cependant elle ne pouvait être nulle, car notre globe, par sa forme sphéroïdale, oblige les fleuves coulant du sud au nord à se déverser dans des mers polaires relativement peu étendues.

La terre a donc toujours présenté un certain aplatissement à toutes les époques géologiques.

On peut même présumer que la forme aplatie de toutes les planètes est due à l'influence de ces facteurs.

Ainsi, par exemple, si Jupiter, dont l'aplatissement bien prononcé a été la cause première qui a donné lieu à la théorie de Newton, était entièrement couvert d'eau et si cette eau était saturée de sels, il est visible qu'en raison de la moindre température des régions polaires l'eau de ces régions serait moins saline et sa densité moindre qu'à l'équateur.

★

La condition fondamentale de l'égalité du produit des deux facteurs g et D qui vient de nous servir pour déterminer la figure de la terre, suivant les méridiens, peut être aussi appliquée à la recherche de cette figure dans la direction des parallèles.

La densité de l'eau qui va en diminuant de l'équateur aux pôles, ne varie pas dans la direction des parallèles; il faut donc, pour que le produit g. D reste constant, que la gravité reste aussi invariable.

Or, comme sur une même parallèle, la diminution apportée à la gravité par la force centrifuge ne change pas, il s'ensuit que la distance au centre de la terre ne devrait pas changer non plus et que le cercle répondrait à la question.

C'est en effet ce qui aurait lieu si la mer avait partout la même profondeur.

Mais la pesanteur d'une molécule de la surface d'un bassin océanique se compose de la somme des attractions de la masse liquide et de celle de la terre située au-dessous.

On peut donc prévoir que la gravité à la surface sera d'autant plus faible que la profondeur de l'eau sera plus grande ; car l'attraction est proportionnelle aux densités.

Il en résulte qu'il faut pour l'équilibre, que la distance au centre d'attraction diminue, lorsque la profondeur du bassin augmente.

Nous allons chercher à déterminer la grandeur de cette dépression par l'analyse suivante.

On sait que la pesanteur à la surface de deux sphères concentriques, ayant la même densité, est proportionnelle à leurs rayons R et R + H.

En effet, l'enveloppe sphérique de l'épaisseur H, qui recouvre la sphère R, ne contribue en rien à la pesanteur à la surface de cette dernière sphère, qui n'est produite que par l'attraction des molécules dont elle est composée.

Or cette pesanteur est proportionnelle à la masse divisée par le carré du rayon R ; et la masse étant proportionnelle au cube de ce même rayon, il en résulte que la gravité à la surface des sphères, dont les rayons sont R et R + H, aura pour expression R Δ et (R + H) Δ, en désignant par Δ la densité commune aux deux sphères.

Si maintenant on recherche la pesanteur des molécules situées à une distance H au-dessus de la sphère R, en supposant que l'enveloppe sphérique n'existe pas, ou que sa densité soit nulle, on trouve que cette pesanteur est exprimée par (R — 2 H) Δ ; car elle est amoindrie dans le rapport du carré de R, au carré de R + H.

Cette simplification de l'expression suppose que la distance H est très petite par rapport à R, comme cela existe dans les cas que nous considérons, puisque H est la profondeur des mers et R le rayon terrestre.

En résumé, lorsque la terre a pour rayon R, la gravité à sa surface est exprimée par R Δ; elle est exprimée par (R — 2 H) Δ pour les points éloignés d'une distance H.

On voit donc que l'addition d'une couche sphérique H a pour effet d'augmenter la pesanteur de la différence entre (R + H) Δ et (R — 2 H) Δ, c'est-à-dire de 3 H Δ.

Si cette couche sphérique d'une épaisseur H, au lieu d'avoir la densité Δ, qui est celle de la terre, que l'on sait égale à 5,5, avait une densité moindre, comme celle de l'eau prise pour unité, ou bien celle des couches superficielles terrestres dont la valeur moyenne est 2,5 ; on trouverait pour la pesanteur à la surface dans ces deux derniers cas l'expression (R — 2 H) Δ augmentée de *trois fois la hauteur* H *de l'enveloppe sphérique multipliée par la densité de cette enveloppe.*

Cela posé, considérons un bassin océanique s'étendant de l'Est à l'Ouest sur de grandes étendues et terminé à des continents opposés dont les pentes très douces pénètrent sous la mer.

On peut admettre, ainsi que cela existe dans la nature, que le pied de ces pentes douces sont éloignés l'un de l'autre d'une distance de plusieurs milliers de kilomètres; de sorte qu'on pourra comparer, approximativement, l'influence de la couche d'eau qui recouvre cet intervalle, à celle d'une enveloppe sphérique d'eau, dont l'épaisseur moyenne serait celle de la mer que nous désignons par h.

En désignant par d' la densité de l'eau, par d la densité des couches de terre superficielles, la pesanteur d'une molécule à la surface de la mer, au milieu du bassin, aura pour expression

$$(R - 2\,h)\,\Delta + 3h\,d'.$$

On pourra de même exprimer la pesanteur au rivage par

$$(R - 2\,H)\,\Delta + 3\,H\,d:$$

H représente la hauteur des rivages au-dessus de la sphère terrestre terminée au fond moyen des mers.

Ces deux expressions devant être égales pour l'équilibre, on aura l'équation

$$(R - 2\,H)\,\Delta + 3\,H\,d = (R - 2\,h)\,\Delta + 3\,h\,d'.$$

On en tire

$$\frac{H}{h} = \frac{2\Delta - 3d'}{2\Delta - 3d}$$

et en substituant les valeurs de Δ, d et d', c'est-à-dire les nombres 5.5, 2.50 et 1, on trouve

$$\frac{H}{h} = \frac{8}{3,5}.$$

D'après ce calcul, la profondeur de la surface de la mer dans la direction des parallèles serait à peu près la moitié de celle que nous attribuons à son fond, dans la supposition de la sphéricité de la surface.

On remarquera que, malgré cette énorme dépression, la surface des mers est encore bombée, comme il est facile de s'en assurer, en tenant compte de la rondeur de la terre et des grandes distances que l'on considère.

Le résultat inattendu auquel nous a conduit notre analyse n'est évidemment qu'approché.

Il faudrait, dans chaque cas particulier, tenir compte de l'attraction des continents, de leurs pentes sous-marines et calculer leurs masses, ainsi que les distances de leurs centres de gravité. Il est même des cas où la dépression que nous venons d'indiquer pourrait être très petite et même sensiblement nulle : c'est lorsque les continents seraient très rapprochés et les pentes très raides.

Nous n'avons eu pour but que de mettre en évidence le rôle des facteurs qui influent sur la forme de la surface des mers et d'indiquer une limite extrême de cette figure.

*

On se rendra compte par la même analyse de la grandeur de la dépression des îles situées au milieu d'un vaste bassin océanique. Il suffira d'ajouter au second membre de l'équation précédente

$$(R - 2H)\,\Delta + 3H\,d = (R - 2h)\,\Delta + 3h\,d',$$

l'attraction déterminée par cette île. Ainsi, en supposant que l'influence de l'île soit le quart de celle d'une couche sphérique complète, on aurait l'équation

$$(R - 2H)\Delta + 3Hd = (R - 2h)\Delta + 3hd' + {}^{3}/_{4}\,h\,(d - d').$$

En faisant le calcul et en substituant les valeurs connues de Δ, d et d' on obtiendrait

$$\frac{H}{h} = \frac{13.75}{7}.$$

Maintenant, si l'influence de l'île, au lieu d'être le quart de celle d'une couche sphérique, était la moitié, on aurait pour la valeur de

$$\frac{H}{h} = \frac{11.5}{7}.$$

Ces résultats démontrent que le rivage des îles est plus rapproché du centre de la terre que celui des continents.

Mais ce n'est pas à cette cause qu'il faut attribuer ce fait généralement reconnu que la pesanteur accusée par les oscillations du pendule y est plus grande que sur les continents.

Les déductions précédentes ne sont rigoureuses que dans la supposition admise, que la densité de la mer reste invariable dans la direction des parallèles ; or la présence d'une île entraîne nécessairement une diminution de la densité de l'eau marine dans son voisinage ; car l'eau des pluies qui tombent sur cette île et qui s'écoulent, en grande partie, dans la mer, en diminue la densité.

La gravité doit donc augmenter, comme elle le fait, sur une échelle plus grande dans les régions polaires et qui entraîne un niveau encore moins élevé que celui que nous avons indiqué.

Toutefois, il peut se présenter des exceptions : c'est lorsque, par suite des dislocations du sol, les eaux pluviales s'écoulent par des canaux souterrains à une distance éloignée des rivages.

ORIGINE DES PLUIES QUATERNAIRES

Lorsque l'on passe en revue les caractères généraux des différentes époques géologiques, on voit que trois grands phénomènes s'accompagnent constamment et que lorsque l'un d'eux fait défaut, les deux autres manquent également.

Ces phénomènes, qui semblent inséparables les uns des autres, sont *les mouvements du sol*, les *éruptions volcaniques* et *les dépôts détritiques*.

Ainsi, pendant les époques tertiaire et quaternaire, l'activité éruptive, réduite aujourd'hui à d'insignifiantes proportions, avait un développement immense, s'étendant sur toutes les régions du globe.

Ce phénomène était accompagné de grands mouvements du sol et de puissants dépôts détritiques causés par les pluies persistantes qui ont donné naissance à ces immenses cours d'eau, dont on reconnaît partout la grande section.

On sait aussi que, dans l'ère primaire, ces mêmes phénomènes se sont également accompagnés, en se manifestant sur une échelle plus grande encore.

Par contre, dans l'ère secondaire, où l'on citerait à peine un cas d'éruption bien constaté, les deux autres phénomènes sont à l'état d'exception et réduits à de minimes proportions.

Il est vraisemblable que ces phénomènes ne sont pas isolés les uns des autres et qu'un lien commun doit les réunir.

Nous rechercherons d'abord la relation qui peut exister entre les éruptions volcaniques et les dépôts détritiques, ou ce qui arrive au même avec les pluies qui les ont engendrées et dont ils donnent la mesure.

Le principal produit des éruptions volcaniques est, sans comparaison, celui de la vapeur d'eau lancée à une assez grande hauteur dans l'atmosphère : M. Fouqué a évalué à plus de deux millions de mètres cubes la masse d'eau lancée à l'état de vapeur par l'Etna, dans l'espace de cent jours seulement.

On conçoit, qu'en raison de la grande activité volcanique qui régnait à l'époque qui a précédé la nôtre, sur tous les points du globe, il n'a pas fallu un temps très long, pour produire la saturation de l'atmosphère et même pour la dépasser.

Ce n'est qu'à partir de la limite de la saturation que cette vapeur aqueuse pourrait contribuer directement à l'alimentation des cours d'eau; mais cette quantité, toute grande qu'elle peut être, semble une quantité négligeable pour expliquer l'existence de cours d'eau, dix et vingt fois plus grande que celle de nos rivières actuelles.

Nous n'en tiendrons pas compte et nous ne considérerons l'influence de l'action éruptive qu'au point de vue de l'origine de la saturation de l'atmosphère.

Tant que la vapeur d'eau atmosphérique n'a pas dépassé la limite de la saturation, elle ne contribue en rien, étant seule, aux précipitations aqueuses, et sa tension moyenne annuelle reste sensiblement constante; elle ne subit que de lentes variations séculaires, tant que l'industrie humaine ne vient pas troubler l'ordre de la nature, comme cela est arrivé par la destruction de la végétation forestière, qui a une si grande influence pour fixer le régime de la tension de la vapeur d'eau dans l'air.

En effet, si la vapeur atmosphérique contribuait par elle-même à l'entretien des cours d'eau, elle serait bientôt épuisée, car toute cette vapeur condensée ne recouvrirait la surface des continents que d'une lame d'eau de cinq centimètres d'épaisseur, c'est-à-dire d'une quantité dix fois plus petite que celle que produisent les pluies dans le cours d'une seule année.

D'ailleurs, l'état constant de la végétation, sous toutes les latitudes, vient encore à l'appui de ce principe très important de *l'invariabilité de la tension moyenne annuelle.*

Ainsi, malgré la complexité des phénomènes qui président aux précipitations aqueuses, la vapeur d'eau des continents n'agit en dernière analyse que par *une action de présence pour condenser les vapeurs saturées apportées du large par les vents marins.*

L'explication de la grandeur des pluies quaternaires, par rapport à celles de notre époque, résulte de cette propriété bien connue du mélange des vapeurs, déjà établie par Hutton en 1784, à savoir que: quand deux masses d'eau saturées, mais d'inégales températures, se rencontrent, il y a précipitation de vapeur d'eau; si les masses ne sont pas à l'état de saturation, elles deviennent néanmoins plus humides; et si les températures sont très différentes, il y aura précipitation quand même elles ne seraient point saturées.

L'air entraîné par les vents de mer est toujours à une température plus élevée que celle des continents voisins, qui remplissent, à raison de leur altitude, le rôle de condenseurs ; car cet air plus saturé de vapeur d'eau que celui des continents, absorbe en plus grande abondance la chaleur des rayons obscurs, qui constituent la majeure partie de la radiation solaire.

Cette même vapeur empêche, comme le ferait un écran, la dissémination vers les espaces célestes, de la chaleur des masses d'air situées au-dessous.

De plus, les nuages qui se forment en si grande abondance au-dessus des mers emmagasinent et tiennent en réserve toute la chaleur latente de la vapeur invisible qui les a formés.

Supposons que pendant l'époque quaternaire, où l'air des continents et celui des mers étaient à l'état de saturation, deux masses égales d'air se mélangent : la première masse ayant la température de 10° et la seconde de 20°. La température du mélange sera de 15°.

L'élasticité de la vapeur de la première masse sera, d'après la table des tensions de Regnault, de $9^{mm},165$ et celle de l'autre masse de $17^{mm},391$. Ainsi à l'état de mélange l'élasticité devrait être $13^{mm},278$.

Mais de l'air à 15° ayant à son maximum de saturation une tension de $12^{mm},699$, la différence, savoir $13,278 - 12,699 = 0^{mm},579$, exprimera la tension de la vapeur précipitée.

On obtient un résultat bien différent, si on fait le même calcul pour l'époque actuelle où l'atmosphère continental n'est saturé qu'à moitié, et en se servant des mêmes données pour la température des deux masses d'air, afin de pouvoir dégager un terme de comparaison tenant uniquement à la différence de l'humidité terrestre aux deux époques.

Le mélange de deux masses égales d'air,

l'une à la température à 10° de l'atmosphère continentale et n'ayant pour tension que la moitié de $9^{mm},165$, c'est-à-dire $4^{mm},582$, et l'autre océanique ayant comme précédemment pour tension à 20° $17^{mm},391$, aura pour tension $10^{mm},986$ à la température de 15°.

Il lui manque donc pour égaler les précipitations de l'époque quaternaire $13^{mm},278 - 10,986 = 2^{mm},292$, c'est-à-dire 4 fois $0^{mm},579$.

On voit d'après cela que les précipitations qui à l'époque quaternaire se produisaient en quelque sorte à l'état normal, toutes les fois que le vent de mer soufflait, ne peuvent avoir lieu à notre époque que par le concours de circonstances accidentelles, et à la suite d'un temps plus long dans l'apport par les vents de l'humidité de l'atmosphère océanique.

Plusieurs autres causes ajoutent encore leur action pour augmenter l'abondance des pluies quaternaires.

Ainsi, à l'époque du creusement des grands cours d'eau, c'est-à-dire pendant les époques tertiaire et quaternaire, l'atmosphère étant saturé, l'évaporation devait être très faible et ne privait pas les rivières des deux tiers de leur volume, comme elle le fait actuellement d'après M. Dauss, pour le bassin de la Seine, par exemple.

La température à ces époques, qui se rapprochait de celle des zones tropicales actuelles, devait accroître les pluies dans la même proportion que celle qui existe aujourd'hui entre celles des régions chaudes et celles des régions tempérées ou froides.

De plus, l'altitude des continents et des montagnes devait être plus grande de tout ce que la dénudation leur a enlevé depuis.

Les vents marins saturés étaient donc obligés de remonter les pentes continentales à une plus grande hauteur et par suite de se dilater, de se refroidir et d'abandonner une plus grande charge d'eau.

L'action des continents comme condenseurs devait être plus énergique.

Enfin, les pentes des bassins hydrographiques n'étaient pas adoucies par un long ruissellement et n'avaient pas acquis cette forme d'équilibre stable qu'elles ont aujourd'hui.

Les pluies devaient donc se rendre plus rapidement dans leurs canaux d'écoulement et présenter, dans une certaine mesure, ce qui arrive dans la première phase de la vie des torrents, c'est-à-dire le transport d'une masse énorme d'eau dans un temps très court.

Cette dernière considération suffirait presque à elle seule pour expliquer les grandes dimensions du lit *majeur* de nos rivières.

★

La diminution lente et progressive de l'activité éruptive, sur l'ensemble du globe, a dû produire, malgré quelques réveils momentanés, sur certains points, une diminution correspondante dans la tension de la vapeur d'eau atmosphérique.

Cette diminution a entraîné celle des précipitations aqueuses ainsi que celle de la végétation forestière.

C'est vraisemblablement à cette cause qu'il faut attribuer la dépopulation de certains grands empires, comme ceux des Perses, des Mèdes, des Assyriens, dont l'histoire constate la grande prospérité dans les temps anciens.

Cependant, une administration prévoyante aurait pu enrayer le mal, en entretenant et développant la végétation dont le pouvoir sur le régime des pluies n'est pas contesté.

TEMPÉRATURE

DE L'ATMOSPHÈRE

S'il est un fait que la paléontologie, et spécialement la branche de cette science qui s'occupe du monde végétal, ait bien mis en évidence, c'est assurément la diminution progressive de la chaleur dans les hautes latitudes de notre globe.

M. de Lapparent, dans son traité de géologie, expose ainsi qu'il suit l'état de la question :

« Pendant toute la durée des temps primai-
« res, un climat semblable à celui des tro-
« piques paraît avoir régné depuis l'équateur
« jusqu'aux pôles, et c'est à peine si, vers la
« moitié de l'ère secondaire, a commencé à se

« manifester le rétrécissement de la zone tro-
« picale. Au milieu de l'ère tertiaire, le Grœn-
« land nourrissait encore une végétation sem-
« blable à celle qui, de nos jours, caractérise
« la Louisiane et la Californie, et les mêmes
« plantes florissaient au Spitzberg ainsi que
« dans la presqu'île d'Alaska. L'apparition des
« glaces polaires a donc été très tardive, et
« l'on peut presque la considérer comme ayant
« mis fin aux temps géologiques proprement
« dits pour inaugurer l'ère nouvelle.

« D'autre part, une augmentation de la cha-
« leur solaire dans le passé ne saurait rendre
« compte du privilège dont les hautes lati-
« tudes ont si longtemps joui ; car l'équateur
« en aurait eu sa part et cette exagération de
« température eût certainement rendu la vie
« impossible dans son voisinage. Or, dans
« quelques latitudes qu'on descende, la paléon-
« tologie nous montre des espèces, fougères
« et cycadées, qui sont loin d'exiger un degré
« de chaleur supérieur à celui de la zone tor-
« ride actuelle. En outre, les plus anciennes
« fougères sont des plantes qui recherchent

« l'ombre, et M. Heer a fait remarquer que les « premiers insectes dont on ait observé les « restes appartiennent à des familles qui vi- « vent de préférence dans les lieux obscurs. « Ce n'est donc *ni par un excès de chaleur ni* « *par un excès de lumière* que se caractérise « ce qu'on a justement appelé le *phénomène* « *paléothermal.* C'est par une *répartition uni-* « *forme de la chaleur des tropiques,* s'éten- « dant, sans variations sensibles, d'une extré- « mité à l'autre du globe. »

Trouver la cause de cette uniformité, si contraire à la distribution actuelle des climats, tel est le problème qu'il s'agit de résoudre.

Les rayons du soleil, avant d'arriver à la terre, ont à traverser notre atmosphère constituée par un mélange de gaz dont la diathermancie est très différente.

L'oxygène et l'azote qui en forment les 99 demi-centièmes laissent passer librement la presque totalité des rayons solaires.

Le demi-centième restant se compose pour les neuf dixièmes de vapeur d'eau et d'un dixième d'acide carbonique, qui ont la propriété d'absorber la chaleur rayonnante.

La terre serait inhabitable, si notre atmosphère n'était formée que des deux gaz permanents, l'oxygène et l'azote; les rayons du soleil traverseraient l'air sans l'échauffer pour venir frapper la surface terrestre.

Pendant la nuit, la chaleur acquise par cette surface rayonnerait sans obstacle vers l'espace céleste et s'y perdrait sans compensation, et les êtres organisés seraient soumis alternativement à une chaleur torride et à un froid intense.

On a négligé pendant longtemps de tenir compte de l'action de la vapeur aqueuse; mais cette action a été bien mise en évidence et même mesurée par des expériences récentes très délicates.

Quant à l'action de l'acide carbonique, on n'en tient encore actuellement aucun compte; sans doute à cause de l'extrême ténuité de sa masse.

C'est cependant, suivant nous, à la présence

de cet acide que l'on doit attribuer les phases thermiques qui différentient les époques géologiques successives.

Pour se rendre bien compte de l'influence de ces deux fluides, il est nécessaire de se reporter aux travaux de Melloni sur la diathermancie, ainsi qu'aux expériences sur le pouvoir absorbant des fluides faits par divers savants et notamment par J. Tyndall.

Avant de rechercher la part qui revient à chacun de ces deux fluides dans le réchauffement de notre atmosphère, il importe de remarquer que les rayons obscurs qui sont absorbés par la vapeur d'eau ne sont pas de même nature, c'est-à-dire n'ont pas la même réfrangibilité que ceux absorbés par l'acide carbonique.

Chacun de ces fluides s'adresse à des rayons obscurs différents, et ils contribuent chacun pour leur part, mais une part séparée dans le phénomène de l'absorption.

D'après les expériences de Tyndall, la vapeur d'eau contenue en si faible quantité dans l'air, exerce cependant *une action soixante-douze fois plus grande que l'air lui-même quand il est desséché,* et que l'acide carbonique, à la tension d'une atmosphère, c'est-à-dire à une tension deux cents fois plus grande que celle de la vapeur d'eau, dans l'expérience précédente, exerce *une action quatre-vingt-dix fois plus grande que celle de l'air desséché.*

Telles sont les données consignées dans les livres classiques ; elles semblent attribuer à la vapeur d'eau une énergie d'absorption si grande, par rapport à celle de l'acide carbonique, qu'on ne peut guère être surpris qu'on ait entièrement négligé l'influence de l'absorption par ce dernier gaz.

Les deux expériences que nous venons de rappeler n'indiquent en réalité que l'absorption de la chaleur de l'air contenu dans un tube ayant seulement la longueur de 1m.20, tandis qu'il s'agit d'apprécier l'absorption de ces fluides dans toute l'épaisseur de l'atmosphère.

De là résulte un grand changement, car on sait que l'absorption a lieu dans l'intérieur des corps absorbants et qu'elle dépend de leur épaisseur.

Cela est vrai pour la chaleur rayonnante, comme pour la lumière qui suivent les mêmes lois; ainsi l'eau qui paraît très limpide, vue à travers une faible épaisseur, prend une teinte bleue d'autant plus prononcée que l'épaisseur est plus grande.

Le soleil est une source de rayons hétérogènes et la décomposition d'un faisceau de lumière donne un spectre solaire, lumineux au centre, calorifique à une extrémité, chimique à l'autre extrémité, et le nombre des rayons de réfrangibilité différente est infini.

En général, quand un faisceau de rayons, ainsi mélangés, pénètre dans une substance diathermane, quelques-uns des rayons sont arrêtés ou éteints, tandis que d'autres passent librement.

Si ce faisceau de rayons qui a traversé une première couche vient à traverser une seconde couche de la même substance et de la même épaisseur, les rayons dont la réfrangibilité était telle qu'ils étaient arrêtés, en partie par la première couche, se présenteront en moins grand nombre pour traverser la seconde couche et cette couche paraîtra plus diathermane ; elle absorbera cependant encore une certaine quantité de rayons de même nature, et ainsi de suite pour toutes les couches, et l'on conçoit que si l'épaisseur est considérable, tous les rayons d'une même réfrangibilité pourront être absorbés en totalité.

Lorsque les rayons solaires pénètrent dans l'atmosphère, ils traversent des couches de même épaisseur, mais dont la tension va en augmentant, ainsi que leur pouvoir absorbant.

On conçoit, dès lors, que le passage des rayons solaires à travers un milieu ainsi constitué agit encore plus efficacement que si les couches avaient toutes la même tension.

Ainsi, bien que l'acide carbonique ait une tension beaucoup plus faible que celle de la vapeur aqueuse, son pouvoir pour réchauffer l'atmosphère peut devenir comparable à celui de la vapeur d'eau, puisque une grande partie des rayons solaires dont la réfrangibilité s'adresse à l'acide carbonique peut être absorbée dans leur passage à travers notre atmosphère.

En outre de ces considérations, il existe une propriété de la vapeur d'eau qui tend encore à rapprocher les pouvoirs absorbants de la vapeur d'eau et de l'acide carbonique.

Les observations de Hooker, Strachey et Welsch ont prouvé que la tension de la vapeur d'eau dans l'air diminue beaucoup plus rapidement que celle de l'air, quand la hauteur augmente.

Comme il n'en est pas de même pour l'acide carbonique, on conçoit que la tension des deux fluides peut devenir égale à une distance de la terre qui ne soit pas très grande par rapport à l'épaisseur totale de l'atmosphère.

★

Pendant les périodes géologiques anciennes, la tension de l'acide carbonique devait être beaucoup plus grande qu'actuellement, car l'acte de la végétation a fixé successivement dans le sol le carbone qui entre dans l'acide carbonique, pour former ces couches d'anthracite, de houille, de lignite et de tourbe qu'on utilise aujourd'hui.

Cette soustraction de l'acide carbonique par la végétation a été nécessairement lente et progressive et a suivi la même marche que la diminution de la chaleur dans l'atmosphère.

A l'époque actuelle, si tout le carbone contenu dans l'acide carbonique était fixé dans le sol, il ne produirait guère qu'une couche de charbon ayant 0,0014 d'épaisseur répandue sur toute la surface du globe; tandis qu'avant l'époque houillère, d'après les évaluations de de Boucheporn *(Études sur l'histoire de la terre)*, il aurait pu former une couche dont le poids serait celui d'une lame d'eau ayant un mètre de hauteur.

Comme il faut multiplier ce poids par la fraction $^{22}/_{6}$ pour avoir celui de tout l'acide carbonique, on arrive à cette conclusion, que avant l'époque houillère la tension de ce gaz, au lieu d'être de cinq dix millièmes, comme aujourd'hui, était d'un tiers d'atmosphère, c'est-à-dire 730 fois environ plus grande.

Cette grande proportion d'acide carbonique anéantirait la plupart des animaux ayant l'organisation actuelle : ainsi un chien supporte avec peine une tension d'un dixième d'atmosphère de ce gaz.

On s'explique cependant que la vie animale ait pu exister autrefois ; car l'acide carbonique n'est pas un gaz délétère, il ne produit l'axphyxie que parce qu'il n'est pas expulsé suffisamment de l'organisme des animaux de notre époque.

Mais on conçoit qu'au moyen d'une légère modification dans l'appareil pulmonaire et cutané, les anciens animaux aient pu s'accommoder d'une tension aussi grande.

TEMPÉRATURE INTERNE

DU GLOBE

On sait que la chaleur solaire pénètre difficilement dans le sol, en raison de la mauvaise conductibilité des roches, et qu'on rencontre à une faible profondeur une couche dont la température invariable représente celle de la moyenne du lieu.

La chaleur du soleil n'entre donc pour rien dans la température croissante à mesure qu'on pénètre plus profondément au delà de la couche invariable.

Le fait de l'accroissement de la chaleur à partir de cette couche est général et ne souffre pas d'exception.

Mais un autre fait, tout aussi général, accompagne constamment le précédent.

Il consiste en ce que le degré *géothermique*, c'est-à-dire la hauteur dont il faut descendre verticalement pour constater une augmentation de température, égale à un degré centigrade, varie non seulement en des lieux peu éloignés les uns des autres, mais encore dans un même sondage, en différents points de la même verticale.

Ces variations du degré géothermique nous paraissent apporter quelque lumière sur l'origine de la chaleur interne et sur le mécanisme de sa production.

L'administration des mines de Saxe, ayant repris avec soin les mesures de Reich, a constaté que le degré géothermique variait suivant les lieux de 16 à 118, c'est-à-dire de 1 à 7.

On a cherché à expliquer ce fait par la différence de conductibilité des roches.

Mais le même fait ayant été constaté dans le

sondage de Sperenberg, près de Berlin, entièrement foré dans le sel gemme, jusqu'à la profondeur exceptionnelle de 1,269 mètres, il ne semble plus possible d'invoquer la différence de conductibilité, puisque la roche est restée constamment la même.

Le gouvernement Prussien, comprenant l'importance de la question, a consacré une somme de 220,000 francs pour opérer cette constatation avec tous les soins possibles. Voici le détail de ses observations à partir de la profondeur de 220 mètres :

Nos des observations.	Profondeurs.	Températures en degrés centigrades.
1	220 mètres.	21°.58
2	283 »	23.47
3	345 »	26.43
4	408 »	26.88
5	471 »	29.08
6	534 »	30.92
7	597 »	33.12
8	660 »	35.83
9	1064 »	46.55
10	1269 »	48.10

On en déduit, pour le degré géothermique, les résultats suivants :

1 à 2. .	33m.40	5 à 6. .	34m.20
2 à 3. .	21m.30	6 à 7. .	28m.70
3 à 4. .	140m.00	7 à 8. .	23m.30
4 à 5. .	28m.70	8 à 9. .	37m.75
	9 à 10. .	132m.00	

On voit que, d'une station à la suivante, le

degré géothermique est très variable et présente les mêmes écarts que dans les mines de Saxe.

C'est à la suite du résultat de ces expériences que M. Mohr écrivait *(Geschichte der Erde)* que l'ancienne doctrine du feu central avait été *cruellement anéantie,* et que M. Carl Vogt appelait la croyance de la fluidité ignée, un avatar de l'ancien mythe du Tartare.

Cependant, on pourrait à la rigueur objecter à ces savants que, quoique la roche traversée à Sperenberg ait conservé la même composition chimique dans toute son étendue, sa conductibilité a pu néanmoins être modifiée par l'état physique de la roche, en différents points.

Ainsi, on sait qu'un schiste conduit mieux la chaleur dans le sens des feuillets que dans la direction perpendiculaire.

Mais la conductibilité des roches *en place* est si faible et le rapport de leur conductibilité est si éloigné de 1 à 7, qu'il faut encore, suivant nous, abandonner cette dernière ressource.

Il n'a été fait, jusqu'à présent, que très peu d'expériences sur le pouvoir conducteur des roches; ce n'est que récemment que M. R. Weber, professeur à l'Académie de Neuchâtel, et M. le Dr Staffer ont déterminé pour leurs thèses en doctorat, l'un à Zurich, l'autre à Berne, à l'insu l'un de l'autre, la conductibilité d'un assez grand nombre de roches du Jura et des Alpes.

Les résultats qu'ils ont obtenus séparément m'ont paru assez concordants pour mériter une entière confiance.

Les voici, tels que je les dois à l'obligeance de M. R. Weber :

Argent . . .	100.00	Serpentine . .	0.50
Granits divers	0.51	Trachyte. . .	0.27
Gneiss . . .	0.45	Molasse . . .	0.35
Syénite. . .	0.26	Marbre . . .	0.49
Porphyre . .	0.50	Calcaire divers.	0.52
Basalta . . .	0.40	Id. argileux.	0.45

Il importe de remarquer que ces résultats se rapportent à la conductibilité de roches bien desséchées, comme celles de nos collections.

Si on avait expérimenté sur des roches *en place* qui recèlent toujours de l'humidité, à partir d'une certaine profondeur : eau de carrière et d'imbibition, on aurait certainement obtenu des conductibilités beaucoup plus petites ; car, d'une part, la conductibilité de l'eau est si faible, qu'on a cru pendant longtemps qu'elle était nulle, et, d'autre part, la chaleur spécifique de l'eau est très grande.

La différence entre les conductibilités des roches imprégnées d'eau est tellement faible, qu'on ne peut certainement pas la comparer à celle que l'observation a constaté pour les degrés géothermiques.

C'est d'ailleurs en vain qu'on chercherait à appliquer les lois de Fourier à la propagation de la chaleur dans l'intérieur du globe ; car la loi fondamentale qui se déduit de ses formules : à savoir que pour *des points dont les distances à la source croissent en progression arithmétique, les excès de température décroissent en progression géométrique,* qui se vérifie pour les métaux bons conducteurs, tels que l'argent, l'or..., n'est qu'approché pour le fer, le plomb... et nullement applicable aux corps non métalliques, comme le marbre, la porcelaine....

★

La découverte relativement récente de l'équivalent mécanique de la chaleur nous semble offrir une explication toute naturelle de l'origine de la chaleur interne et de sa distribution dans l'intérieur du globe.

La chaleur interne aurait pour origine, suivant nous, les mouvements du sol déterminés par l'enfoncement des bassins sous le poids des accumulations sédimentaires.

La dépression des bassins et la formation

de bombements correspondant à la périphérie est une des propositions le mieux démontré de la géologie par l'étude des fossiles qu'ils renferment.

Élie de Beaumont, qui l'a mise en pleine lumière dans son explication de la carte géologique de France, voulait en faire un moyen d'explication générale pour la géologie.

Nous admettrons cette proposition, non comme une hypothèse, mais comme un fait démontré, et nous la regarderons comme une base fondamentale, dont nous essayerons de faire dériver les autres phénomènes géologiques par un enchaînement naturel.

★

Comme dans la dernière partie de notre travail nous traiterons des mouvements du sol et de leurs conséquences, nous nous bornerons ici à faire remarquer que ces grands mouvements du sol produisent des déformations qui s'étendent depuis le sommet des bombements jusqu'à une grande distance audessous du fond des bassins, et qu'il en résulte des dislocations et des ploiements de strates qui exigent une grande dépense de travail qui se transforme nécessairement en chaleur.

Les strates, quelle que soit leur cohésion, sont obligées de suivre le mouvement d'ensemble des déformations et par suite d'acquérir sur leur emplacement même des températures aussi variables que la résistance qu'ils ont opposée.

ÉPOQUE QUATERNAIRE

Les trois propositions précédentes vont nous servir de base pour l'explication de l'époque quaternaire.

Toutes les trois nous semblent nécessaires et suffisantes; aussi avons-nous cherché à les établir, sans le secours d'aucune hypothèse et en ne nous appuyant que sur des principes de physique bien constatés.

L'époque quaternaire ne se distinguerait guère de l'époque actuelle, si elle n'avait été marquée par un phénomène *unique* dans l'histoire de la terre; c'est-à-dire par un développement immense des glaciers, dont la cause initiale était une abondance extraordinaire de précipitations aqueuses.

Ces précipitations qui fournissaient l'élément indispensable à l'extension des glaciers, n'auraient pas suffi, sans le concours d'autres circonstances, à leur donner le caractère de grandeur que les géologues s'accordent à leur reconnaître.

Il fallait que la température de l'atmosphère eût atteint dans sa marche progressivement décroissante depuis les temps anciens un degré assez faible pour permettre aux précipitations aqueuses de prendre la forme neigeuse dans les régions polaires et sur les massifs montagneux situés dans des régions plus basses.

Ces deux premières conditions sont évidemment nécessaires pour l'établissement d'une période glaciaire générale.

Cependant, elles ne sont pas suffisantes ; il faut encore le concours de condenseurs beaucoup plus puissants, en étendue superficielle et en élévation, que ceux qui existent aujourd'hui.

En effet, on ne peut guère admettre que

dans les conditions actuelles du relief des continents par rapport à celui des mers, en supposant même des précipitations aqueuses aussi abondantes et aussi générales qu'à l'époque quaternaire, les glaciers aient pu prendre un accroissement qui leur ait permis de transporter des blocs énormes depuis les hauts sommets des Alpes sur les flancs calcaires du Jura, jusqu'à des hauteurs de 1200 mètres, après avoir traversé tous les lacs de la Suisse.

Ces blocs, de dimensions souvent colossales, se trouvent portés à des distances de cent kilomètres du lieu d'origine.

Non seulement ils ont traversé les lacs et les vallées profondes pour remonter les pentes opposées, mais ils ont franchi encore des montagnes élevées, et l'on trouve dans les vallées de l'Isère, par exemple, des fragments granitiques de la haute chaîne des Alpes qui ont passé par-dessus des chaînes calcaires de 3,000 mètres de hauteur.

Le nord de l'Europe présente des phénomènes du même genre plus surprenants encore.

Des blocs de dimensions considérables, dont les roches en place se trouvent en Finlande, se sont répandus sur les plaines de la Russie et de la Pologne, jusqu'aux environs de Moscou, en parcourant la distance énorme de mille kilomètres ; d'autres dérivant de la Suède et de la Norvège se trouvent jetés sur les plaines du Danemark, de la Prusse, du Mecklenbourg et même sur les côtes orientales de l'Angleterre.

Pour parvenir à de telles distances, ils ont dû franchir le golfe de Finlande, la Baltique et la mer du Nord, comme les glaciers suisses ont franchi le lac de Genève.

Il est bien visible que de semblables phénomènes n'ont pu se produire sans une modification profonde du niveau relatif des terres et des mers de l'époque actuelle.

★

Nous nous proposons de démontrer, en premier lieu, que si la quantité des précipitations aqueuses restait constamment la même à toutes les époques géologiques, le niveau des mers circumpolaires se rapprocherait progressivement du centre de la terre, à partir de l'ère primaire jusqu'à nos jours; de telle sorte que l'étendue des surfaces terrestres polaires irait en augmentant jusqu'à notre époque où elle attendrait son maximum, si les mouvements du sol ne venaient pas troubler cet ordre.

A toutes les époques géologiques, la température des régions polaires a dû être plus basse que celle des zones intertropicales, à raison du fait astronomique de l'obliquité des rayons solaires.

Les contrées polaires ont donc toujours rempli le rôle de condenseurs à l'égard des autres régions du globe, au même titre que les massifs montagneux, par rapport aux plaines basses qui les environnent.

La différence des températures était presque nulle pendant l'ère primaire ou beaucoup moins accentuée qu'à l'époque actuelle; car les contrées boréales présentent dans leurs débris fossiles cette particularité remarquable qu'on retrouve sous les glaces les vestiges d'un terrain houiller où sont accumulés les restes d'une végétation gigantesque qui caractérise le terrain houiller de la même époque dans les zones tempérées et jusqu'à l'équateur.

On sait que ces plantes ne peuvent supporter les faibles hivers de nos climats ; pour qu'elles aient pu se développer à ces hautes latitudes, où le froid descend aujourd'hui jusqu'à la congélation du Mercure, il eût fallu une température plus élevée de 40 ou 50 degrés centigrades.

Or cette augmentation de chaleur ne peut provenir d'un foyer central incandescent, car elle affecterait aussi les régions équatoriales, dont la température se trouverait portée à 90 ou 100 degrés centigrades, ce qui rendrait toute végétation impossible.

L'uniformité de la chaleur atmosphérique

dans les temps primitifs ne résultait donc pas du feu central, mais bien, comme nous l'avons vu, de la plus grande quantité d'acide carbonique qui entrait dans la composition de l'air et qu'on peut évaluer à un tiers d'atmosphère.

Cette uniformité provenait de la composition de l'air atmosphérique, qui était telle, qu'elle se comportait comme le ferait une sphère de verre mince qui renfermerait dans son intérieur notre globe et son atmosphère, laissant entrer la chaleur solaire sous la forme rayonnante et retenant la chaleur obscure pour l'emmagasiner et la répartir uniformément.

L'oxigène et l'azote qui sont des corps simples, laissent un libre passage aux rayons solaires, tandis que la vapeur d'eau et l'acide carbonique qui sont des corps composés s'opposent au retour vers l'espace céleste des rayons obscurs.

Il existe cependant, au point de vue géologique, une très grande différence entre l'action de la vapeur d'eau et celle de l'acide carbonique.

L'action de la vapeur aqueuse, pour retenir ou absorber les rayons obscurs, est aussi variable que les causes qui déterminent sa tension.

Cette tension n'a pas un rapport nécessaire avec la succession des âges.

Ainsi, la vapeur d'eau atmosphérique a été très peu abondante dans les temps secondaires, comme le prouve le peu d'importance des dépôts détritiques, tandis qu'elle a atteint son maximum pendant les temps primitifs et à l'époque quaternaire qui encadrent l'ère secondaire.

Il n'en est pas de même pour l'acide carbonique qui est étroitement lié au temps par le phénomène continu de la végétation.

Ainsi l'atmosphère a été successivement appauvri de son acide carbonique par la formation des couches d'anthracite, de houille et de tourbe.

C'est donc après l'ère de la tourbe que notre atmosphère a dû renfermer la plus petite quantité d'acide carbonique et que son pouvoir absorbant des rayons obscurs a été le plus faible.

C'est donc aussi à cette époque, c'est-à-dire à l'époque actuelle, que la différence des climats a dû être la plus grande.

*

Les mers inter-tropicales, à raison de leur grande étendue et de la température élevée qui y règne, fournissent par leur évaporation la plus grande partie des précipitations.

Les pluies qui y ont pris naissance ne retombent qu'en partie sur le lieu de leur origine; le reste, transporté par les vents, est disséminé sur les autres régions du globe et principalement sur celles dont la température est plus basse, comme les contrées polaires, et qui remplissent le rôle de condenseurs.

Il résulte de là, que la surface des mers tropicales reçoit moins d'eau douce que celle qui lui est enlevée par l'évaporation.

D'un autre côté, la surface des mers circumpolaires reçoit plus d'eau douce que celle qui lui est soustraite par sa faible évaporation.

Ainsi, par suite de ce double phénomène, la différence des densités, à la surface, des mers que nous comparons, doit aller en croissant, d'autant plus que la température des contrées polaires devient plus froide; puisque l'énergie de la condensation est augmentée par l'abaissement de la température.

Pendant l'ère primaire, où la température du globe était presque uniforme et où les régions polaires agissaient très faiblement comme condenseurs, la différence des densités des mers en question devait être presque nulle; même dans le cas de précipitations aqueuses très abondantes.

Mais en s'avançant dans la suite des âges, cette différence de la densité des mers, qui aurait dû augmenter, à égalité de précipitations, a dû nécessairement atteindre à l'époque quaternaire, où les pluies étaient si abondantes, un accroissement en rapport avec cette abondance.

★

D'après la théorie de l'équilibre des mers que nous avons exposée, il doit correspondre à la diminution relative de la densité des mers polaires, un abaissement de leur niveau, c'est-à-dire un rapprochement de leur surface du centre de la terre *proportionnel* à cette diminution.

On peut en conclure qu'à toutes les époques géologiques, la forme de la terre, qui n'est autre que celle de la surface des mers prolongée, a dû présenter un certain aplatissement, et que c'est à l'époque quaternaire que cet aplatissement a été de beaucoup le plus grand, exagéré qu'il était par l'abondance des pluies, qui devait rendre la densité de l'eau des mers polaires voisine de celle de l'eau douce.

On peut maintenant se rendre compte, que par suite de l'abaissement extraordinaire du niveau des mers polaires, de vastes terres ont dû être exondées en même temps que leur niveau s'est élevé par rapport à celui des mers voisines.

La Finlande, la Norvège, l'Écosse, séparées aujourd'hui par des mers peu profondes ont pu être en parties réunies, former de puissants condenseurs et livrer passage à d'immenses glaciers.

Remarquons que les énormes glaciers, crées dans ces conditions, déversaient dans les mers voisines de longs convois d'icebergs qui devaient refroidir les mers polaires et leur permettre de se congeler.

Cette congélation qui étendait encore le domaine des condenseurs contribuait, par un phénomène d'ordre chimique, à diminuer la densité de la surface des mers polaires et par conséquent à abaisser leur niveau et à augmenter les surfaces exondées.

On sait que l'eau marine en se congelant se débarrasse des quatre cinquièmes des sels qu'elle contenait et que par leur fusion estivale, elle abandonne à la surface des mers de l'eau presque douce.

Les trois facteurs des glaciers polaires, à savoir : les précipitations aqueuses, les condenseurs et la fusion des glaces, loin de se nuire, réagissent mutuellement les uns sur les autres, pour augmenter leur énergie dans le sens glaciaire.

Ainsi, les précipitations qui augmentent la surface des condenseurs polaires sont à leur tour augmentées par le développement des condenseurs.

Il en est de même pour les glaces, dont la fusion estivale tend à abaisser le niveau des mers polaires.

On peut à peine se faire une idée de l'immense extension qu'a dû prendre la période glaciaire, puisque tous les phénomènes de cette époque tendaient à s'exagérer mutuellement.

Un pareil état de choses n'a pu diminuer que par suite de l'amoindrissement de la cause initiale, c'est-à-dire par celle de l'activité volcanique et des précipitations aqueuses qui en sont la conséquence.

*

L'immensité du volume des glaces accumulées pendant le temps si long de la vie des volcans, semble au premier abord défier tout calcul.

Cependant, il est, suivant nous, un phénomène qui peut en donner une mesure assez approximative.

On sait que les continents et les îles, sous toutes les latitudes, sont entourés d'une ceinture sous-marine ininterrompue, dont les récentes explorations ont permis d'évaluer la largeur moyenne à 250 kilomètres.

Cette ceinture dont la pente est très douce à partir du rivage, se termine au large par une pente relativement rapide, qui lui donne l'apparence d'un socle ou piédestal supportant les continents et les îles.

On attribue généralement la genèse de cette ceinture à des dépôts littoraux arrachés du rivage et on explique sa formation au large par le dépôt de matières très ténues en suspension dans l'eau.

Mais, s'il en était ainsi, la pente douce devrait se prolonger et ne pas être terminée au large par une pente brusque, car l'agitation des flots ne se fait plus sentir à la profondeur de deux cents mètres où elle se termine.

Il nous semble plus naturel de considérer cette ceinture comme étant une terrasse sous-marine, résultant du relèvement du niveau général des mers, à la suite de la fusion des glaces quaternaires.

En effet, les grandes accumulations de glaces circumpolaires, n'ayant pu être formées qu'au dépens de l'eau des océans, on conçoit que cette soustraction a dû abaisser leur niveau général et découvrir autour des terres une ceinture exondée, qui plus tard a été immergée à la suite de la fusion des glaces.

D'après cette manière d'envisager le phénomène, il devient facile de calculer assez approximativement le volume des glaces quaternaires.

Il correspondrait à celui de la surface totale des mers ayant la hauteur de deux cents mètres environ.

★

Le temps nécessaire à la fusion de ces immenses accumulations de la glace a dû être très long, après la cessation de l'activité volcanique et des pluies qui en sont la conséquence.

Ce temps représente une phase de l'époque glaciaire, pendant laquelle, les pluies ayant cessé, un froid sec favorable à l'existence et au développement du Renne, a dû régner assez longtemps pour une émigration s'étendant jusqu'aux Pyrénées.

C'est, croyons-nous, à cette phase qu'il faut rapporter l'*époque du Renne.*

PHÉNOMÈNE DES TERRASSES PARALLÈLES

Les considérations générales que nous venons d'exposer sur les causes de la période glaciaire s'appliquent aussi bien aux régions australes qu'aux régions boréales, malgré les différences géographiques qui les distinguent et qui consistent en ce que les premières régions sont séparées des grandes masses continentales par des mers vastes et profondes, tandis que les secondes sont reliées à ces masses et en forment la continuation.

Cette différence géographique va nous servir à expliquer ces fréquentes oscillations du niveau relatif des terres et des mers, qui ont donné lieu au phénomène des terrasses parallèles, et à élucider l'importante question de savoir si c'est le niveau des terres ou celui des mers qui a changé d'altitude à l'époque glaciaire.

Elle nous servira aussi à expliquer pourquoi la fusion des glaces australes est moins avancée que celles du pôle boréal.

Le phénomène des terrasses parallèles est très fréquent dans les régions polaires boréales, tandis qu'il fait défaut dans les autres régions du globe.

Mais c'est surtout dans les fjords de la Norvège et dans les îles de l'archipel polaire qu'il est le mieux accusé.

Cependant on en rencontre encore des exemples dans des régions plus basses, comme à Gleen Roy en Écosse.

Sur les côtes d'Élesmère regardant le Groënland, il existe des terrasses parallèles sur toutes les rives du détroit.

Celles de l'Archipel aussi bien que celles du Groënland situé vis-à-vis, s'étagent à diverses hauteurs, jusqu'à 450 et même 600 mètres au-dessus de la mer, et les coquilles qu'on y trouve sont identiques à celles des mers voisines ; Kane a compté sur les flancs d'une montagne quarante-un degrés réguliers, comme les marches d'un gigantesque escalier (É. Reclus, *Amérique boréale).*

J'ai observé moi-même dans le fjord norvégien de Hollands, situé à la latitude du cercle polaire, une terrasse qui règne sur une longueur de vingt-cinq kilomètres sur les deux rives opposées qui l'encaisse.

Elle n'apparaît du milieu du fjord, qui a deux kilomètres de largeur moyenne, que comme la trace d'un sentier.

C'est sans doute à cette circonstance qu'elle doit de n'avoir pas encore été mentionnée à ma connaissance.

Mais la régularité de cette trace, à une hauteur constante de cent vingt mètres de chaque côté du fjord, permettait de soupçonner qu'on était en présence d'une terrasse.

En effet, lorsqu'on débarque à l'extrémité

du fjord où débouche dans la mer un des glaciers alimentés par la vaste surface neigeuse du Svartisen et qu'on gravit les pentes, on voit que cette terrasse a une certaine largeur et que la pente très régulière de la montagne qui la domine est en retraite de dix mètres environ de largeur sur la pente inférieure qui se prolonge sous la mer.

Ces pentes, toutes les deux très régulières, sont d'environ quarante degrés.

Le temps pendant lequel la mer a séjourné au niveau de cette terrasse a dû être assez long pour permettre aux agents détritiques de produire cette ablation de dix mètres sur toute la hauteur de la montagne.

De plus, la régularité de la pente située au-dessous et qui plonge dans la mer est telle qu'on est obligé d'admettre que, lorsque le niveau de la mer s'est abaissé, il l'a fait d'une façon continue, ou au moins, que s'il y a eu des temps d'arrêt, ils ont été d'une durée relativement très courte.

Il semble donc qu'on peut conclure de là,

que le phénomène des terrasses est caractérisé par *un séjour prolongé de la mer au niveau de la terrasse et par un abaissement continu et relativement rapide de ce niveau jusqu'à un nouvel état d'équilibre.*

Ces conditions seraient évidemment remplies, si l'on pouvait prouver que, par suite de circonstances particulières à la zone polaire boréale, la densité de l'eau marine, après être restée longtemps stationnaire, pouvait tout à coup diminuer rapidement et d'une façon continue, puisque d'après la nouvelle théorie de l'équilibre des mers il correspond à un abaissement de niveau proportionnel à la diminution de la densité.

Les partisans du feu central, mettant en action des forces internes, peuvent, à la vérité, attribuer à la terre ces oscillations.

Ils sont même tellement habitués à faire mouvoir le sol, tantôt lentement, tantôt rapidement et par saccades, selon que cela leur paraît nécessaire, qu'ils ne pensent pas qu'en agissant ainsi ils font une série d'hypothèses, dérivant elles-mêmes d'une hypothèse regardée comme fondamentale.

Ils ne recherchent pas pourquoi ces mouvements ont été si fréquents dans la zone polaire boréale, tandis qu'ils sont très rares, sinon absents dans les autres régions du globe.

★

Nous avons vu précédemment qu'à l'époque glaciaire le niveau des mers polaires s'était rapproché du centre de la terre et que celui des mers tropicales s'en était, au contraire, éloigné.

On peut présumer d'après cela, que la mer des Indes, par suite de l'élévation de son niveau, a pu trouver un écoulement vers l'océan glacial par la mer Rouge, la mer Noire et la mer Caspienne.

On a remarqué, en effet, depuis longtemps, que la mer Caspienne, réduite aujourd'hui à l'état de mer intérieure dont la surface est à vingt-cinq mètres au-dessous du niveau de la mer Noire, offrait par sa faune des affinités géologiques à la fois avec le lac d'Aral, la mer Noire et l'Océan glacial.

Le versant Aralo-Caspien, d'après É. Reclus (*Asie russe*, p. 383), est parsemé d'étendues lacustres qui rappellent l'ancienne Méditerranée du Turkestan, et les marais salins épars sur le sol de la steppe contiennent des débris d'organismes formant des couches entières. Ces coquilles de Cardium, de Mythilus, de Turitella et d'autres espèces communes dans l'Aral, semblent prouver que la mer s'étendait jusque là, près du seuil qui sépare le bassin de l'Obi du versant Aralo-Caspien.

C'est, d'ailleurs, un fait désormais incontesté, que la mer Caspienne a communiqué autrefois avec le Pont-Euxin et avec l'Océan glacial.

Le seuil de partage entre les deux mers est indiqué par la nature avec une précision parfaite.

La communication de la mer des Indes

avec l'océan Glacial s'est établie par le seuil à pentes très douces qui sépare le bassin de la mer Caspienne de celui du fleuve Tobol, affluent de l'Obi, coulant le long des pentes asiatiques des monts Oural.

Ainsi, les eaux tièdes et salines et, par conséquent, plus denses que celles des mers polaires boréales, ont pu s'écouler dans l'océan Glacial, dont elles ont d'abord fondu, en partie, les glaces; puis, ont, en se mêlant avec elles, augmenté leur densité.

Or, d'après notre théorie de l'équilibre des mers, il a dû correspondre à cette augmentation de la densité de l'eau une élévation du niveau de la mer, qui a persisté pendant tout le temps que la communication entre les deux mers n'a pas été interrompu par des circonstances que nous allons indiquer.

L'écoulement de l'eau avait lieu en franchissant les vastes surfaces, à pentes insensibles et indécises du seuil de Tobol et en ne le couvrant que par une lame d'eau d'une épaisseur assez faible et que des vents du nord, soufflant avec persistance, auraient pu diminuer et peut-être même annuler.

Mais cette interruption momentanée du courant a pu devenir permanente, à la suite d'assez légères variations de l'ensemble de l'activité volcanique, qui ne peuvent manquer de se produire pendant la longue période de la vie des volcans et qui a dû entraîner une variation correspondante dans l'intensité des précipitations aqueuses et, par conséquent, dans le niveau de la mer des Indes.

On comprend aussi que, vers la fin de l'époque quaternaire où les précipitations étaient moins abondantes, l'épaisseur de la lame d'eau qui couvrait le seuil du Tobol avait dû diminuer encore et ne recouvrir que quelques dépressions du seuil, par lesquelles pouvait s'établir un écoulement nécessairement amoindri.

Cependant, l'écoulement de cette eau tiède

devait réchauffer les régions sibériennes, où des troupeaux de grands pachydermes ont pu trouver une nourriture abondante fournie par une végétation qui était favorisée par les pluies de l'époque ; il devait créer un climat tempéré dans une région située entre des contrées glacées.

On conçoit qu'un semblable écoulement a pu être interrompu, même en une seule nuit, dans un climat aussi excessif que celui qui existait au seuil de séparation le long des pentes de l'Oural.

Des embacles devaient facilement se produire, à raison du climat de cette région où l'écart des températures est actuellement plus grand qu'il ne l'est en Europe et dans aucune autre contrée voisine de la mer.

C'est précisément en automne et en hiver que domine le vent polaire du nord-est, et c'est au printemps et en été que l'emporte le vent équatorial du sud-ouest.

Pour le mois de janvier, les lignes isothermiques de l'Aral sont celles du Canada, du Groënland méridional et des îles du Spitzberg ;

tandis qu'en été ce sont celles qui passent par le Cap Vert.

Il est vraisemblable qu'à la fin de l'époque quaternaire ce climat était plus excessif encore, parce que les surfaces neigeuses au nord étaient plus étendues qu'aujourd'hui et que la chaleur qui régnait au sud était plus intense.

Il est donc naturel de penser qu'un barrage a pu s'établir rapidement, favorisé qu'il était par des charriages d'arbres fournis par la végétation luxuriante qui régnait alors, par suite de l'humidité générale de l'atmosphère.

Le refroidissement causé par l'interruption du courant indien a dû se faire sentir en premier lieu au seuil de séparation et dans la partie élevée du bassin de l'Obi, parce que la profondeur de l'eau y était moins grande que dans la partie nord et dans le voisinage de l'océan Glacial.

Cette circonstance explique très naturellement pourquoi les grands pachydermes, rhinocéros thycorinus, mammouth, qui habitaient ces contrées, étant surpris par l'invasion subite du froid, ont dû se diriger vers le nord, ainsi qu'on l'a observé, où la congélation des eaux était retardée par la profondeur.

★

Les écoulements alternatifs des eaux tièdes de l'océan Indien dans les mers polaires boréales ont dû fondre et diminuer considérablement la masse des glaces accumulées pendant la période glaciaire.

Cette circonstance, qui ne pouvait pas se produire au pôle austral, explique pourquoi la masse de glaces y est plus considérable et qu'une sorte de période glaciaire semble encore y régner actuellement.

LES MOUVEMENTS DU SOL

L'explication de l'époque quaternaire que nous venons d'exposer, en nous bornant à dégager les principes qui nous ont paru essentiels pour les recherches à venir, ne serait pas complète si nous n'indiquions la genèse de l'activité éruptive, qui remplit un si grand rôle dans la production des précipitations aqueuses.

Nous avons fait remarquer que trois grands phénomènes géologiques : *les mouvements du sol, les éruptions* et *les dépôts détritiques*, étaient tellement inséparables les uns des autres, qu'on pouvait soupçonner l'existence d'une étroite relation entre eux.

Nous avons indiqué le lien qui réunit les éruptions aux dépôts détritiques ou, ce qui revient au même, avec les précipitations.

Nous allons maintenant nous occuper de la relation des mouvements du sol avec le phénomène éruptif et nous chercherons à établir que ce dernier phénomène est une conséquence du premier ; de telle sorte que les mouvements du sol pourraient être considérés comme le phénomène *initial* qui aurait engendré les deux autres.

Nous admettrons dans cette étude que les grands mouvements orogéniques ou du premier ordre, qui ont soulevé les continents, sont déterminés par le poids des couches sédimentaires accumulées dans les bassins maritimes.

Élie de Beaumont les regardait comme une des propositions les mieux démontrées de la géologie.

« Ce n'est pas seulement, dit l'illustre géo-
« logue, pour expliquer la formation du ter-

« rain jurassique qu'on est conduit à admettre « un enfoncement graduel ; on y est conduit « par l'étude d'une foule d'autres bassins, « appartenant à des époques géologiques les « plus diverses, notamment par l'étude des « bassins houillers et par celle du bassin ter- « tiaire parisien. »

La dépression des bassins n'est donc pas une hypothèse, mais un fait bien démontré par l'observation ; et le bombement qui en résulte à la périphérie est la conséquence nécessaire d'une pression qui a dû vaincre le poids des strates soulevées et leur cohésion.

On peut concevoir ces déformations sans hypothèses ; elles sont la conséquence d'une propriété essentielle de la matière dont la conception, agrandie par les expériences de Tresca, est confirmée par l'exemple des *kreeps* dans les houillères, qui « démontre que l'ac- « tion de la pesanteur commence à se faire « sentir aussitôt qu'une minime quantité de « matière se trouve enlevée, même à une

« grande profondeur. Le toit de la mine « s'affaisse ou son plancher s'élève, et les « couches contournées affectent souvent une « courbure, un plissement aussi réguliers que « ceux qu'on observe sur une plus grande « échelle dans les chaînes de montagnes. » (Lyeel. *Principes de géologie,* p. 175.)

L'épaisseur des accumulations sédimentaires est quelquefois de trois et quatre kilomètres ; on en rencontre même de huit à dix kilomètres, d'après Murchisson, dans le Shropshire et dans le pays de Galles, constituées par des assises du système Cambrien.

Le poids de pareilles accumulations semble bien suffisant pour déterminer la déformation du sol.

Il est digne de remarque que les plus grandes épaisseurs des dépôts se rencontrent précisément dans les terrains de transition des anciens auteurs, c'est-à-dire dans les terrains Cambrien, Silurien, Dévonien et Permo-Carbonifère.

Ces grandes épaisseurs dans les terrains anciens s'expliquent dans notre théorie, parce qu'elles avaient à vaincre pour s'affaisser la résistance de terrains moins fendillés et dont la cohésion était plus grande que celle des terrains plus récents, qui ont conservé les fractures d'un plus grand nombre de révolutions du globe.

Les continents dont la dénudation a fourni les éléments de ces immenses accumulations, devaient être au moins aussi considérables qu'actuellement et ne pas être constitués, comme on l'admet, par des terres basses et indécises.

C'est sans doute l'absence de débris de vertébrés qui a donné lieu à cette opinion, d'où on a conclu qu'il n'existait pas de terrains assez grands pour fournir la nourriture nécessaire à leur développement.

Mais à ces époques lointaines, l'atmosphère contenait une beaucoup plus grande proportion d'acide carbonique qu'aujourd'hui, et l'on sait la propriété de ce gaz de transformer le phosphate de chaux qui entre dans la composition des os, en phosphate de chaux acide, qui, étant soluble dans l'eau, ne devait pas laisser de traces.

★

Lorsqu'un bassin s'enfonce graduellement sous le poids des strates qui s'y sont lentement accumulées, il se produit nécessairement un bombement à la périphérie, qui est la contre-partie de la dépression.

Les forces qui naissent de la pression ont à vaincre non seulement le poids des strates soulevées, mais aussi leur cohésion.

Dans ce mouvement d'exhaussement, les strates supposées originairement horizontales, sont obligées de prendre une courbure d'autant plus prononcée qu'elles sont plus voisines de la surface, où leur rayon de courbure est le plus faible ; elles se plient d'abord, jusqu'à ce qu'elles aient atteint la limite de leur élasticité, puis se fendillent et se fracturent suivant un système de plans dont nous allons indiquer les directions.

Concevons un plan vertical perpendiculaire au rivage, coupant la surface du bombement et ses strates superposées.

Toutes les courbes qui y seront tracées seront de même nature et ne différeront que par la grandeur de leurs rayons de courbure qui augmentera d'une courbe à la suivante, à partir de la surface où elle est la plus petite.

Toutes ces lignes auront une plus grande longueur que dans leur position initiale, avant le bombement ; elles devront donc présenter des interruptions ou fractures qui se déclareront aux points de la courbe où le rayon de courbure est le plus petit.

Ces fractures seront d'autant moins grandes qu'elles appartiendront à des courbes situées plus profondément, puisque ce sont ces courbes qui se sont le moins allongées.

Si l'on suppose que la surface générale du

bombement et la nature des strates ne change pas sur une certaine longueur, il est visible, que sur cette longueur, les fractures seront marquées par des lignes de niveau parallèles, dessinant le bombement et qu'elles seront plus ouvertes dans le haut que dans le bas, de manière à présenter l'apparence de *coins.*

Ce système de fractures parallèles est accompagné d'un autre système de fractures, dont les plans verticaux sont dirigés suivant les lignes de plus grande pente et, par suite, perpendiculaire au premier système.

En effet, les courbes du niveau qui dessinent un bombement orogénique et qui paraissent des lignes droites sur d'assez grandes longueurs à raison de l'étendue des bassins, sont en réalité des courbes fermées qui, lors de l'exhaussement de la périphérie du bassin, se sont élevées au-dessus de leur position initiale, en s'écartant du centre du bassin.

Elles sont donc devenues plus longues et

doivent présenter des interruptions qui ont déterminé le nouveau système de fractures.

★

Dans ce qui précède nous n'avons fait usage que de considérations purement géométriques ; elles nous ont conduit à indiquer l'origine première des vallées longitudinales et transversales.

Mais l'ordre si simple qui en résulte se modifie et se précise par l'intervention d'un autre facteur : *la dénudation.*

La production d'un bombement orogénique exige un temps très long, pendant lequel s'accomplit le dépôt des couches sédimentaires dans le bassin.

Pendant ce long espace de temps, les agents détritiques ne cessent d'agir, principalement sur la zone des flancs du bombement, avec une énergie d'autant plus grande, qu'ils ont déjà éprouvé un commencement de dislocation.

La dénudation qui en résulte diminue le poids de la zone des flancs d'une quantité considérable et donne naissance à des mouvements secondaires qu'il importe d'analyser.

D'ailleurs, ces mouvements de second ordre, peuvent, en vertu du principe de dynamique de la simultanéité des mouvements, accompagner l'exhaussement général et se poursuivre simultanément, pour donner finalement le dernier trait au dessin de la structure des montagnes.

En examinant la forme d'un bombement, on reconnaît que l'action détritique s'exerce avec une intensité bien différente, suivant les parties que l'on considère.

Ainsi, cette action est presque nulle sur le plateau, à cause de son horizontalité ou la faiblesse de ses pentes.

Sur la zone des flancs, au contraire, l'érosion acquiert toute son intensité et y produit une ablation dont la grandeur ne peut être méconnue, puisqu'elle fournit à elle seule, la plus grande partie des éléments de la sédimentation du bassin.

Il est très important de connaître la forme de cette ablation, parce que c'est d'elle que dépendent les principaux traits de cette région.

*

Les eaux en s'écoulant par les lignes de plus grande pente, créent peu à peu la courbe du lit le plus stable, en accommodant le sol à leur cours, après avoir dû s'accommoder au sol ; cette courbe qui convient le mieux à l'écoulement d'un liquide, dans lequel le volume du courant s'accroîtrait en raison de la distance parcourue, présente une pente sensiblement continue, qui augmente à mesure qu'on s'élève.

Elle est concave vers le ciel et se relève rapidement vers le plateau : C'est la courbe *parabolique,* bien connue des topographes, qui représente le profil en long des cours d'eau.

La pente de cette courbe est presque insensible à sa partie inférieure où elle rejoint le rivage ; elle devient de plus en plus rapide vers le haut de la pente du bombement.

C'est donc dans cette partie qu'elle entame le plus profondément les strates.

Il en résulte un ordre déterminé dans les affleurements des couches stratifiées; les plus anciennes affleurent vers le haut de la courbe et les plus récentes vers le bas.

Cette déduction correspond aux indications des cartes géologiques.

La dénudation de la zone des flancs diminue le poids du bombement dans cette partie suivant une loi bien déterminée par la courbe parabolique de l'ablation.

Il en résulte que les bandes du terrain comprises entre les fractures parallèles du premier système, seront soulevées inégalement par les forces qui déterminent l'exhaussement général du bombement.

Ces forces, rencontrant une résistance moins grande dans les parties les plus profondément dénudées, soulèveront à une plus grande hauteur les bandes situées à la partie supérieure.

La différence de l'exhaussemeut des bandes contiguës transformera en failles les fractures qui les séparent, c'est-à-dire qu'elle portera à des niveaux différents des couches contemporaines.

Si maintenant on examine l'exhaussement d'une bande en particulier, on reconnaît que tous les points de la surface ne seront pas portés à une même élévation et que la surface de la bande soulevée n'est point parallèle à celle de sa surface initiale.

En effet, si la bande a une largeur assez grande, la partie supérieure qui a été plus profondément dénuée que la partie inférieure, devra être soulevé plus haut, de sorte que la ligne de plus grande pente de cette bande aura une inclinaison plus rapide qu'avant son soulèvement.

Comme cet effet se produira, à des degrés

divers, sur toutes les bandes parallèles, il s'en suit que la courbe de la pente prendra la forme d'une *scie*, dont les côtés abrupts des dents regarderont le plateau : c'est une disposition très fréquente en pays de montagne.

On reconnaît aussi que le plan des failles qui sépare deux dents consécutives ne pénètre pas verticalement dans le sol, mais qu'il doit être perpendiculaire à la courbe générale de l'ablation et dirigé suivant la normale au point que l'on considère; car c'est dans cette direction que le sol présente le moins de résistance.

Ces plans doivent donc pénétrer dans le sol, en se dirigeant vers l'intérieur du bombement et cela d'autant plus que l'on considère des failles plus élevées sur la pente du bombement.

La première conséquence de cette inclinaison du plan des failles et de la disposition du terrain en dents de *scie*, c'est que, si on considère une faille en particulier, le plan supérieur *semblera* être descendu par rapport au plan inférieur; réalisant ce qui est indiqué par cet adage des mineurs, *que dans toute faille, c'est le toit qui a glissé sur le mur.*

La seconde conséquence de l'inclinaison vers l'intérieur du bombement du plan des failles, qui est de beaucoup plus importante que la première, c'est que les bandes parallèles comprises entre les failles s'appuient toutes les unes contre les autres et exercent une pression sur les parties inférieures vers le rivage.

On peut admettre dès lors, que dans certains cas la composante horizontale de cette pression peut devenir assez grande pour déterminer *un refoulement* et *un plissement* des parties basses du terrain.

Il peut même arriver, ainsi qu'on l'observe fréquemment, qu'il ait un renversement des couches, si la bande supérieure a été relevée à une assez grande hauteur et si le plan sur lequel elle s'appuie est assez incliné.

*

Les mouvements de refoulement ne peuvent avoir lieu sans qu'il se produise un déplacement horizontal vers la plaine des bandes parallèles qui compose la zone des flancs d'un bombement.

On peut dès lors se rendre compte que la bande supérieure doit se détacher de la zone du plateau qui s'appuyait sur elle et s'avancer assez pour produire un vide à la partie supérieure du bombement.

Ce vide, dont nous venons d'indiquer le mécanisme de la formation, formerait une de ces longues vallées longitudinales dont on attribue l'origine à une cause restée inconnue se traduisant par des effondrements.

Ces couches effondrées proviennent de l'éboulement en grand des couches stratifiées de la zone du plateau qui reposaient sur la surface inclinée de la bande supérieure qui s'est écartée.

Les mouvements du sol que nous venons

d'analyser agissent sur des masses beaucoup moins grandes que celles d'un bombement orogénique ; ils peuvent se produire brusquement à un mouvement donné et acquérir une vitesse beaucoup plus grande.

Ils correspondent à des *mouvements de second ordre.*

*

En résumé, la notion fondamentale de l'enfoncement des bassins sous la pression des strates qui s'y sont lentement accumulés, semble non seulement établir un lien scientifique et sans hypothèse entre cette cause et les mouvements du sol, mais aussi se rendre compte du mécanisme de ces divers mouvements.

La même notion, prise pour base, peut aussi, croyons-nous, donner une explication du phénomène éruptif.

LES VOLCANS

Les fractures parallèles horizontales qui dessinent les bombements, comme le feraient des courbes de niveau, pénètrent, comme nous l'avons vu, d'autant plus profondément dans le sol et sont d'autant plus larges qu'elles sont situées à une plus grande hauteur sur la pente générale des bombements.

En pénétrant dans le sol, à une profondeur beaucoup plus grande que la somme de la hauteur d'un bombement et de la profondeur du bassin, ces fractures longitudinales traversent une série de roches les plus diverses.

Là, sur un parcours de plusieurs myriamètres en profondeur et de milliers de kilomètres en longueur, elles sont en communication avec l'eau marine par le système de fractures transversales et peuvent rencontrer des couches de combustible, de pyrites de fer qui ont la propriété de s'enflammer à froid lorsqu'etles sont en présence de l'humidité et de l'air.

On conçoit que dans ces conditions il peut se déclarer, par place, des foyers d'incendies souterrains.

Cette conception, qui a déjà été indiquée par divers savants, n'est pas une simple vue de l'esprit. É. Reclus, *La Terre* (p. 184), en cite un exemple qui s'est produit à l'air libre.

« L'eau de mer, aussi étrange que paraisse « cette assertion, peut dans certains cas incen- « dier les roches de ses bords. Ainsi, les fa- « laises de Ballybunion, sur la côte occiden- « tale de l'Irlande, au sud de l'estuaire du « Shannon, présentèrent pendant longtemps « l'aspect de laves fumantes. Ces rochers, que « les flots de l'Atlantique ont percés de grot- « tes et sculptés de massifs de forme bizarre, « s'étant écroulés un jour sur une grande

« étendue, les strates bitumineuses et les py-
« rites de fer, que leurs strates contiennent
« en si forte proportion, furent exposés à l'ac-
« tion de l'atmosphère. Une oxydation rapide
« des pyrites eut lieu et produisit une cha-
« leur assez intense pour mettre en feu toute
« la partie bitumineuse de la falaise. Pendant
« des semaines, les rochers brûlèrent comme
« un vaste brasier et des masses de vapeur et
« de fumée s'élevèrent comme des nuages au-
« dessus de la haute muraille assiégée par la
« houle. »

Il est vraisemblable que les circonstances fortuites qui ont produit l'incendie des falaises de Ballybunion, doivent se présenter à l'*état normal* dans ces fractures longues de plusieurs milliers de kilomètres, qui mettent au moyen des factures transversales l'eau marine, l'air atmosphérique en communication avec toute la série des couches anciennes où les pyrites sont si abondantes.

★

Cette manière d'envisager l'orgine des volcans permet d'expliquer très simplement les principaux phénomènes qui les caractérisent.

Ainsi, en premier lieu, la distribution des bouches volcaniques en *longues lignes de feu* situées sur les hauteurs qui regardent la mer. correspond parfaitement avec la situation des grandes fractures longitudinales parallèles qui dominent les bombements.

En second lieu, la composition chimique des émanations volcaniques, tant solides que gazeuses, concorde avec celle que doit donner les éléments mis en présence par les fractures trasversales établissant une communication avec l'eau de mer.

En troisième lieu, la durée assez courte, géologiquement parlant, de tous les volcans, s'accorde avec la durée de la consommation des couches combustibles qui, quoique très étendues en surface, ne sont cependant pas inépuisables, comme le serait la masse incandescente de l'intérieur du globe, dans le système qui veut que cette masse soit le réservoir des émanations éruptives.

En quatrième lieu, les alternatives du repos et du réveil de l'activité volcanique semble pouvoir être expliquées très naturellement par la consommation des couches intérieures, inégalement riches en matières combustibles et par lès obstructions momentanées déterminées par des éboulements dans les cavités qui ne peuvent manquer de se produire, par suite de l'expulsion de quantités de matières très considérables.

On conçoit qu'une fois entré dans cet ordre d'idées, on n'éprouvera pas plus de difficultés pour expliquer ces alternatives qu'on n'en a eu pour expliquer celles de *Geysers.*

Le volume des matériaux rejettés au-dehors par les volcans pendant le long cours de leur existence est très considérable et ne peut guère être évalué, dans la plupart des cas, qu'en prenant pour unité le kilomètre cube.

Si les vides ainsi occasionnés dans l'intérieur du globe pouvaient exister, à une distance de la surface de quelques myriamètres, l'imagination effrayée des conséquences de leur effondrement, se refuserait à accepter l'explication que nous proposons.

On ne ferait que passer de l'appréhension de voir, comme dans l'hypothèse du feu central, la vie organique soumise aux caprices d'une mer incandescente, supportant une mince couche terrestre, à celle d'être exposé aux cataclysmes d'effondrements effroyables.

Heureusement, ces immenses cavernes ne peuvent se former, car, bien que les pieds-droits de leur voûte semblent défier toute poussée et que l'intrados de ces voûtes ait pu prendre la forme qui convient le mieux à leur stabilité, au moyen d'éboulements partiels, la grandeur de leurs dimensions sera toujours limitée par l'écrasement des rochers.

Il doit nécessairement se déclarer à partir d'une certaine limite des éboulements successifs accompagnés d'ébranlements du sol et des bruits souterrains qui caractérisent *les tremblements de terre.*

Dans le plus grand nombre des cas, la surface du sol ne doit même pas accuser cette suite d'éboulements intérieurs, car les roches éboulées occupent un plus grand volume que lorsqu'elles étaient en place ; elles *foisonnent*, comme disent les ingénieurs.

Ainsi, les terres légères remuées foisonnent à peu près de un dixième, les terres moyennes de un huitième et les terres fortes de un sixième.

Quant aux éboulements de roches proprement dites formés de quartiers de rochers, le foisonnement doit être plus considérable encore.

Les vides intérieurs se trouvent ainsi naturellement comblés, lorsqu'ils sont situés à une profondeur qui n'a pas besoin d'être très grande, sans que la surface du sol en soit affectée.

Cependant, il faut reconnaître que si la

profondeur des cavernes est faible, on doit voir apparaître à la surface du sol des cavités dont l'étendue est en rapport avec la cause qui a produit les cavernes.

Telle serait peut-être, l'origine inexpliquée, des grandes dépressions de terrain formées par le lac Baïkal et la mer Morte dont le fond est à 742 mètres au-dessous du niveau de la mer Méditerranée.

*

Les tremblements de terre agitent très fréquemment le sol en des contrées tellement éloignées de tout foyer volcanique, qu'on ne peut attribuer leur origine à l'écroulement dans des vides causés par les éruptions.

Mais la nature emploie des moyens divers pour créer des vides dans l'intérieur du globe.

Les eaux pluviales, en pénétrant dans le sol par de nombreuses fissures, s'écoulent en profitant des systèmes de fractures que nous avons indiqués et créent une circulation souterraine des eaux, dont l'importance est comparable à celle de la surface.

Les eaux pluviales à l'état de pureté dissolvent certaines roches, comme par exemple le sel gemme et entraînent au dehors, sous la forme de sources, des quantités de matières très considérables avec le temps, ainsi qu'on en peut citer des exemples.

Les eaux, lorsqu'elles sont chargées d'acide carbonique attaquent toutes les roches qui sont en contact avec elles et en particulier celles qui forment les parois des grandes fractures par lesquelles elles s'écoulent,

L'air humide qui circule également dans ces canaux souterrains, contribue puissamment à les agrandir.

A notre époque cette action dissolvante est d'une lenteur extrême, parce que l'air atmosphérique est dépouillé de la plus grande partie de l'acide carbonique qu'il contenait aux époques antérieures à la nôtre et qui peut être mesurée par les couches de combustible; aussi, voyons-nous que les *puits naturels* qui jalonnent à la surface les cours d'eau souterrains, sont presque éteints aujourd'hui.

★

L'action des eaux pluviales, à la surface, pour modeler le sol a été, suivant nous, très exagérée ; car ces eaux peuvent bien délayer et entraîner un sol meuble ; elles peuvent aussi agir sur les roches par leur faible quantité d'acide carbonique et fonctionner comme un bélier par le choc des roches dures qu'elles entraînent ; mais toutes ces causes réunies, auxquelles il faut encore ajouter l'action du gel et du dégel, ne semblent pas avoir eu une grande efficacité; car elles n'ont pu détruire les cataractes du Nil qui subsistent depuis des milliers d'années, comme nous l'apprend l'histoire.

Les puits naturels désignés par tant de noms différents suivant les contrées et même les districts, sont un phénomène général, comme semble l'indiquer cette multiplicité de noms; ils mériteraient, suivant nous, d'occuper une plus grande place dans la géologie, au point de vue du modelé du sol; car c'est à eux qu'il faut attribuer, croyons-nous, la formation des cirques et des cluses en pays de montagne et des *cañons* dans les pays de plaine.

On est frappé lorsqu'on examine les hautes vallées des Alpes et du Jura, où la charrue n'a jamais passé, de voir ces puits s'aligner le long des *talwegs,* se multiplier et augmenter de dimensions de l'amont à l'aval et aboutir finalement à des gorges profondes à parois abruptes et dont ils sont vraisemblablement l'origine.

Ces puits résulteraient, suivant nous, de l'effondrement des cavités creusées par d'anciens cours d'eau souterrains, et qui se manifeste à la surface sous la forme d'entonnoirs de diverses grandeurs.

Il serait d'ailleurs facile de s'assurer si c'est bien là leur mode de formation, en pratiquant quelques travaux à leur emplacement.

Nous terminerons par une réflexion que fait naître la contemplation de l'ensemble du globe, parce qu'elle a été l'origine première des vues que nous venons d'exposer sommairement.

*

L'étude comparée de l'ensemble du globe conduit à la constatation de ce fait, que les *fjords* se rencontrent uniquement sur le littoral des contrées froides.

Une cause dont les effets se sont produits, à la fois et de la même manière, aux deux pôles de la terre, dans les terres boréales de l'Europe et de l'Amérique et dans les îles Magellaniques, est nécessairement un fait géologique agissant sur tout un âge de notre planète.

Ce phénomène était, comme le dit É. Reclus, le climat spécial qui, pendant la période glaciaire, se faisait sentir à la surface du globe et transformait en longs fleuves de glace les névés des montagnes.

La carte parle elle-même, pour ainsi dire ; elle raconte clairement comment les fjords ont été maintenus dans leur état primitif par le séjour prolongé des glaces.

Les profondes échancrures du littoral, désignées en Norvège et au Groënland sous le nom de fjords, sont essentiellement des vallées profondément encaissées et dans lesquelles la mer pénètre souvent à des distances considérables.

On ne peut les attribuer, comme le voulait Dana, à l'action des glaces, car on sait que cette action se borne à déblayer les vallées encombrées.

On ne peut pas davantage attribuer leur creusement à des cours d'eau dont la vitesse et, par conséquent, le pouvoir d'érosion sont complètement amortis aussitôt qu'ils atteignent le niveau de la mer.

Une seule conclusion, d'après M. de Lapparent, dans son traité de géologie, demeure admissible, c'est que ces déchirures du sol, si exactement prolongées sous la mer, existaient à l'état de vallées continentales, lorsqu'un *affaissement relativement brusque du sol* est venu les enfouir en partie sous la nappe océanique.

Remarquons que si le niveau des mers est resté invariable, comme le veut la théorie de la terre de Newton, ce n'est pas à un seul mouvement que l'écorce terrestre a dû obéir dans les contrées polaires, mais bien à deux mouvements semblables dans ces régions éloignées.

En effet, les deux immenses calottes polaires ont d'abord dû s'élever pour que le fond des fjords fût au-dessus de l'eau pour permettre leur creusement; puis il a fallu que ces deux calottes s'abaissassent brusquement de la même quantité dont elles s'étaient élevées d'abord, pour immerger le fond des fjords à une profondeur minimum de 1,200 mètres.

C'est la difficulté de concevoir, dans la théorie de la fluidité ignée, la simultanéité, la coordination de ces mouvements et le lien qui les relie avec l'invasion du froid qui nous a conduit aux recherches que nous venons d'exposer.

www.ingramcontent.com/pod-product-compliance
Ingram Content Group UK Ltd.
Pitfield, Milton Keynes, MK11 3LW, UK
UKHW021104200726
13857UKWH00003B/1084

9 782011 946386